惊奇透视百科

好玩的机械

冰河 编著

清华大学出版社
北京

图书在版编目（CIP）数据

好玩的机械 / 冰河编著. — 北京：清华大学出版社，2019（2022.12重印）
（惊奇透视百科）
ISBN 978-7-302-43074-2

Ⅰ．①好… Ⅱ．①冰… Ⅲ．①机械-儿童读物 Ⅳ.TH-49

中国版本图书馆CIP数据核字(2016)第034107号

责任编辑：冯海燕
封面设计：鞠一村
责任校对：王荣静
责任印制：宋　林
出版发行：清华大学出版社
　　　　　网　　址：http://www.tup.com.cn，http://www.wqbook.com
　　　　　地　　址：北京清华大学学研大厦A座　　　邮　　编：100084
　　　　　社 总 机：010-83470000　　　　　　邮　　购：010-62786544
　　　　　投稿与读者服务：010-62776969，c-service@tup.tsinghua.edu.cn
　　　　　质量反馈：010-62772015，zhiliang@tup.tsinghua.edu.cn
印 装 者：小森印刷霸州有限公司
经　　销：全国新华书店
开　　本：185mm×260mm　　　　　　　　印　　张：4
版　　次：2019年1月第1版　　　　　　　印　　次：2022年12月第2次印刷
定　　价：29.80元

产品编号：063752-02

目　录

1 透明的机械工厂

透明的机械工厂

在日常生活中，人们经常会使用机械，机械能帮助人们更快、更好地完成工作。有些机械的构造很简单，我们能清晰地看出它的结构，如剪刀、镊子等，但有些机械的构造却十分复杂，我们无法直接看出它们的结构。

你想知道不眠不休的石英钟是怎样计时的吗？工地上的挖掘机和起重机又是怎样运行的？空调为什么能送来凉凉的清风呢？……本书针对各种机械的功能和原理做出了详细介绍，逼真细腻的图画能让小朋友更加了解机械内部复杂的构造。接下来，我们一起来参观这个透明的大工厂吧！

时间记录者——石英表

机械表需要人们时常手动上发条才能正常运作，而石英表省去了这一烦琐的步骤。石英表利用电池驱动石英晶体产生有规律的振动，从而达到计时的目的。石英表更加方便和轻薄。

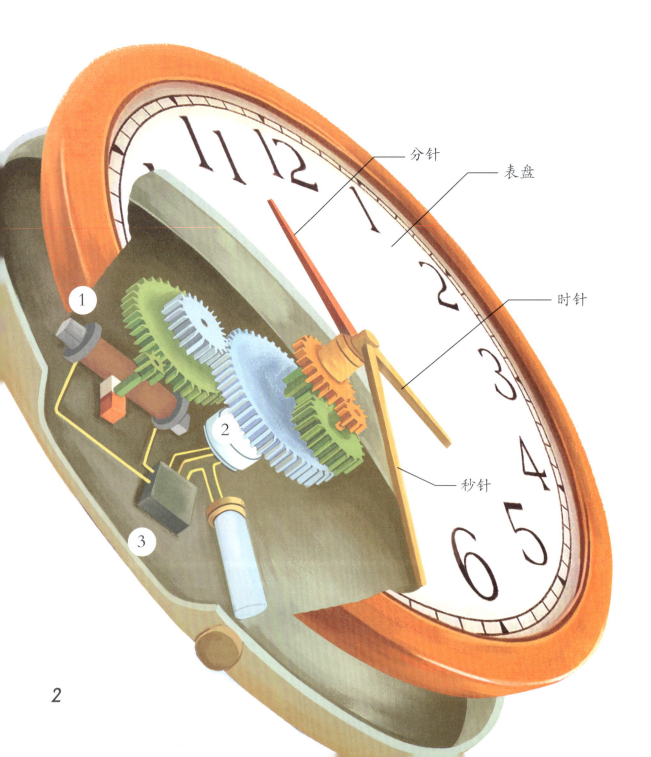

分针

表盘

时针

秒针

分针

时针

秒针

你还想知道

最早的手表是用钥匙上发条。通过不断改进，人们发明了自动机械表。它是由佩戴者手腕的活动带动表内的摆铊旋转，从而达到自动上发条的效果。

1　马达：电流产生的脉冲使马达运转，从而推动齿轮旋转。

2　电池：石英表的电池是扣式电池，体积小，使用时间长。

3　石英振子：通电后产生固定频率的振动。

4　不同种类的齿轮转动，使连在不同齿轮上的秒针、分针和时针进行准确的移动。

真是不可思议

1090年，北宋宰相苏颂建造了一台能报时打钟的水运仪象台，其结构已经接近现代钟表的结构。

住宅的安全卫士——锁

为了保障人身和财产安全，几乎所有的住宅都配有门锁。如果不借助锋利的切割工具，很难将锁强制打开，但是，只要将和锁配套的钥匙插进锁孔，就能轻而易举地将锁打开。

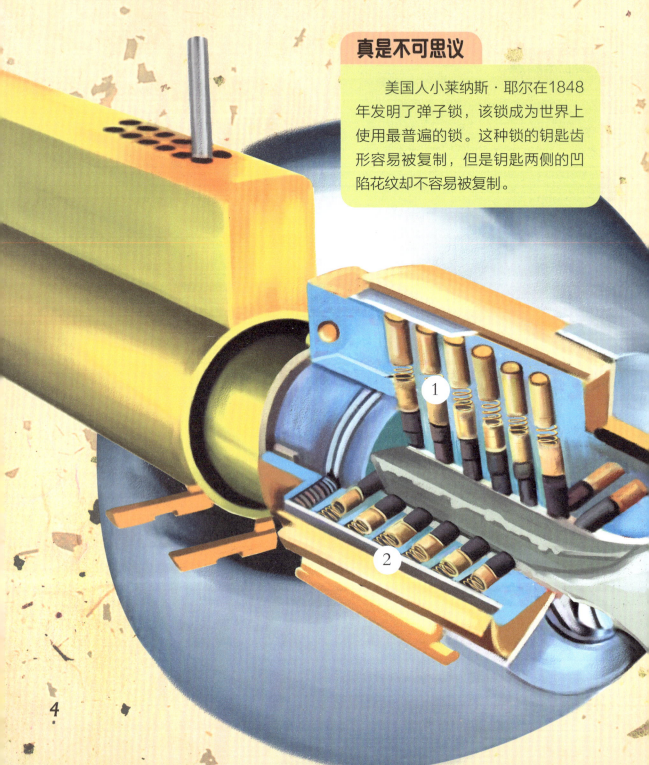

真是不可思议

美国人小莱纳斯·耶尔在1848年发明了弹子锁，该锁成为世界上使用最普遍的锁。这种锁的钥匙齿形容易被复制，但是钥匙两侧的凹陷花纹却不容易被复制。

　　如今，很多家庭的防盗门上使用的都是指纹锁，它是通过电子部件及机械部件的精密组合而生产出的安全产品，非常安全、便捷、时尚。

锁

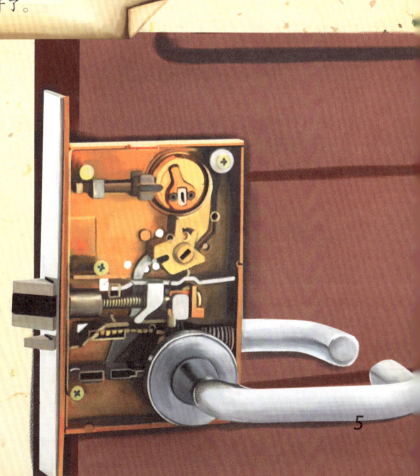

3

1　锁被锁上时，弹簧会将锁销顶入销孔，锁芯就不能转动。

2　插入钥匙，钥匙上的槽口将锁销顶起，上下锁销的连接点与锁芯吻合。

3　锁芯可以随着钥匙转动。拉杆拉开锁舌，锁就被打开了。

钥匙

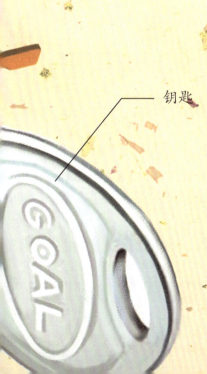

5

快速输入的键盘

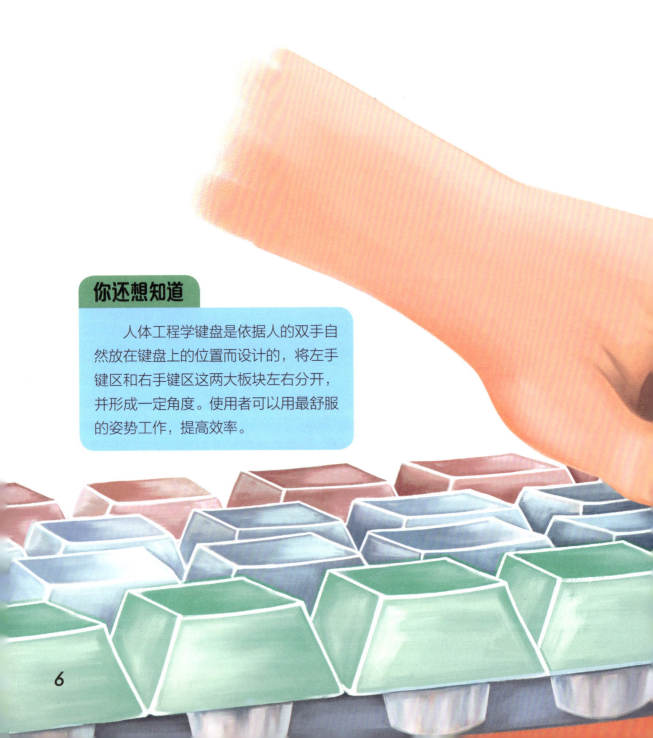

键盘是计算机的输入设备。操作计算机时，通过敲打键盘上的不同按键，可以向计算机发出命令、输入数据等。计算机键盘的按键复杂多样，能满足不同的信息输入。

你还想知道

人体工程学键盘是依据人的双手自然放在键盘上的位置而设计的，将左手键区和右手键区这两大板块左右分开，并形成一定角度。使用者可以用最舒服的姿势工作，提高效率。

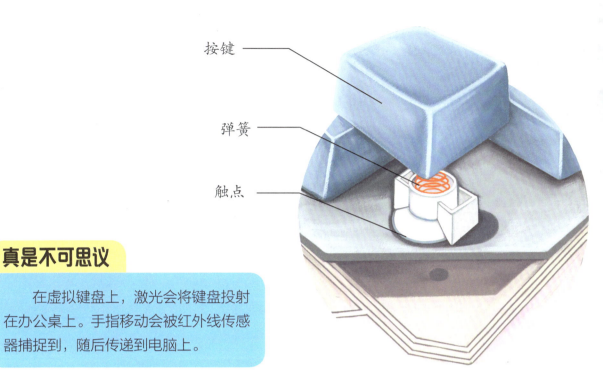

按键

弹簧

触点

真是不可思议

在虚拟键盘上，激光会将键盘投射在办公桌上。手指移动会被红外线传感器捕捉到，随后传递到电脑上。

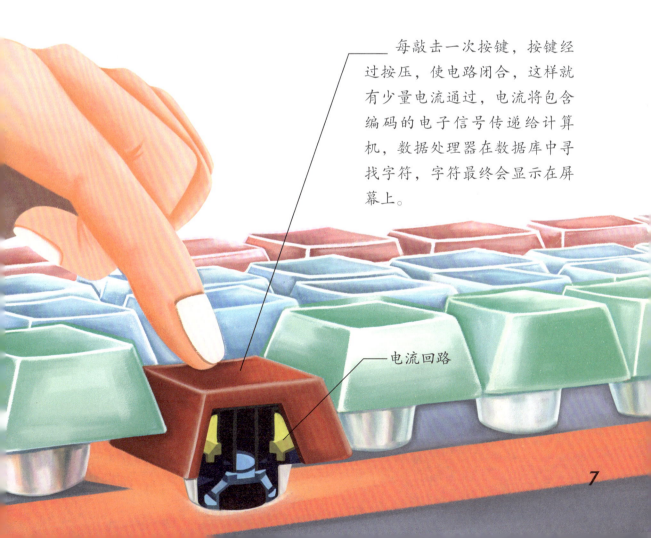

每敲击一次按键，按键经过按压，使电路闭合，这样就有少量电流通过，电流将包含编码的电子信号传递给计算机，数据处理器在数据库中寻找字符，字符最终会显示在屏幕上。

电流回路

鼠标

使用电脑时，我们用手挪动鼠标，可以任意选择下一步操作的位置。通过点击，计算机就能读取到信号，开始执行。鼠标使计算机的操作更加简便快捷。

光学感应器将反射回来的红外线记录下来，并转化为图像。图像经过图像处理芯片的分析后，得到鼠标的移动距离和方向。

鼠标按键

光学感应器

发光二极管：发光二极管可以在鼠标底部发射出红外线。

透镜组件

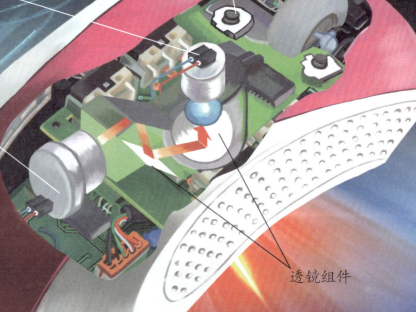

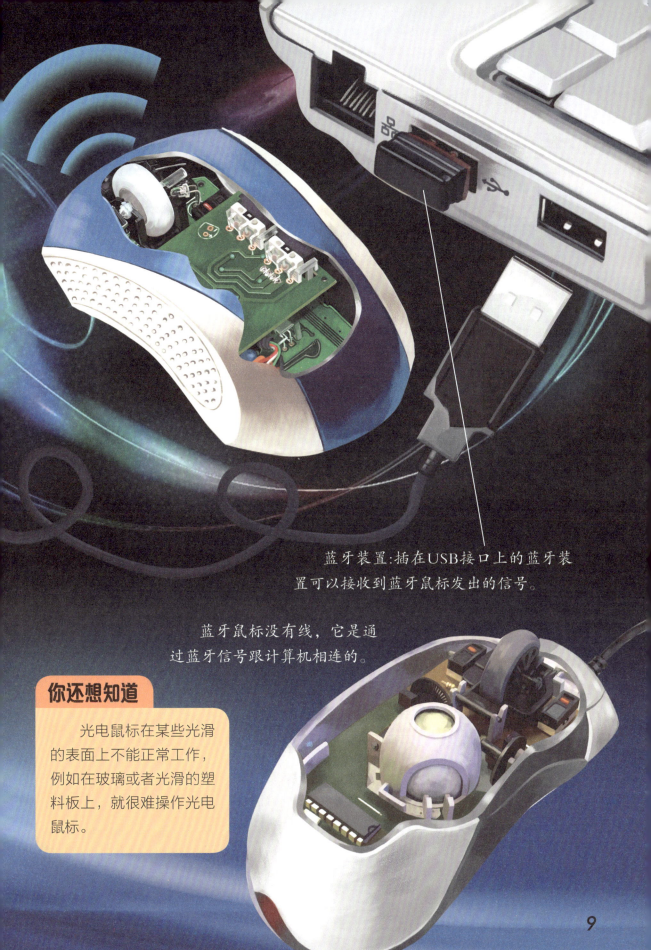

蓝牙装置:插在USB接口上的蓝牙装
置可以接收到蓝牙鼠标发出的信号。

蓝牙鼠标没有线,它是通
过蓝牙信号跟计算机相连的。

你还想知道

　　光电鼠标在某些光滑
的表面上不能正常工作,
例如在玻璃或者光滑的塑
料板上,就很难操作光电
鼠标。

凿壁钻孔的电钻

在我们的生产生活中，很多时候都要使用电钻。电钻里面有一个电机，接通电源以后，电流从缠绕了很多圈的铜线圈中流过，产生磁场，线圈附近的磁铁也产生磁场，这两种磁场相互作用，钻头就开始不停地旋转。

你还想知道

1895年，德国一家公司研制出了世界上第一台直流电钻。这台电钻重达14公斤，外壳用铸铁制成，能在钢板上钻4毫米的孔。

钻夹头可以起到
固定钻头的作用。

手柄上的绝缘层，
可防止使用时触电，避
免发生危险。

速度设置键，
可以调节钻头旋转
的速度。

钻头能在物体上钻出
需要的孔。

变速齿轮能够给钻夹头传递动力，还能增加钻头的旋转力度。

真是不可思议

在1823年，英国物理学家彼得·巴洛制造出了一台电动机，轮子两侧的磁铁能使轮子转动起来。

方便快捷的微波炉

微波炉是一种利用微波辐射来加热食物的炊具。除此之外，它还有解冻、消毒等作用。它的出现大大缩短了人们的烹调时间，为人们的生活提供了方便。

你还想知道

在第二次世界大战期间，美国工程师斯宾塞在做雷达实验时发现口袋里的巧克力融化了。随后，他又用玉米粒做实验，结果玉米粒变成了爆米花，经过多次试验，他发现了微波的热效应。就这样，微波炉被研制成功。

1 磁控管是微波炉的心脏，能发射出微波，将电能转化为微波能。

2 微波能快速振荡食物里的蛋白质、脂肪等分子，使它们相互挤压、摩擦，迅速加热食物。

3 微波炉底部的玻璃转盘旋转时，能让食物均匀、充分地接收微波辐射。

你知道吗

普通塑料容器能放入微波炉吗？

不可以。热的食物会使塑料容器变形，而且普通塑料会释放有毒物质，从而危害人体健康。所以，我们一定要使用专门的微波器皿盛食物放入微波炉中加热。

吸尘管是连接吸
嘴和机器的通道。

你知道吗

吸尘器还有什么作用?

如果纽扣、药片、瓶盖等小物品不小心掉
到地上时,将吸尘器的吸管口用一层薄纱布包
好,再调好适当的风力,然后在落物处周围来
回滑动,物品就会吸附到纱布上了。

新型的扫地机器人

14

住宅的"清洁工"——吸尘器

吸 尘器是用来清除灰尘、小碎屑等东西的机器。吸尘器中有
一个密闭的空间，当空气被排风扇排出时，密闭空间内会
形成负压，这时，吸尘器吸口处的空气在气压作用下被推入这个
密闭的空间，并把空气中的灰尘和垃圾一起带进去。

你还想知道

水过滤吸尘器是利用水作为过滤媒质，
将灰尘、垃圾等吸入。这种机器能避免细小
灰尘的溢出，吸力较强。

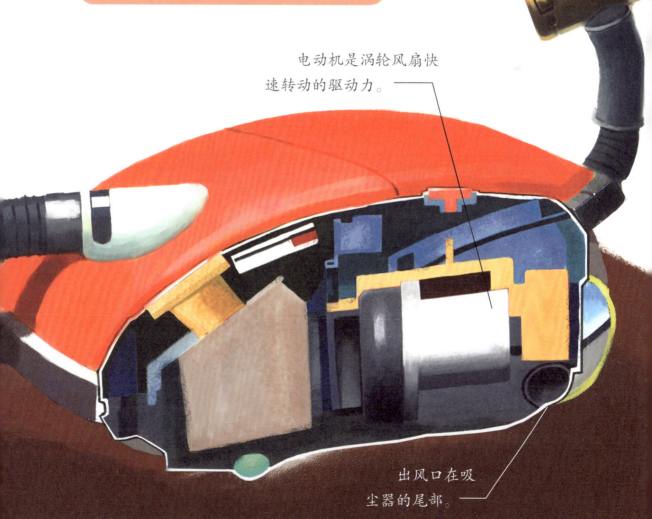

电动机是涡轮风扇快
速转动的驱动力。

出风口在吸
尘器的尾部。

清洗衣物的洗衣机

早在19世纪时，洗衣机就出现了，那时候的洗衣机形似一个很大的木桶，桶内放入肥皂水后通过旋翼来搅动衣服。这种原理一直延续到今天。

洗衣机上方有一个控制面板，可定时和选择洗涤模式。

滚桶式洗衣机

洗衣桶旁边有一个水位传感器，用来控制水位。

长长的隧道盾构机

在挖掘海底隧道和铁路隧道时，都必须要借助一种工具——隧道盾构机。隧道盾构机从外表看像一个长长的金属管，能以每小时两米的速度穿透软岩石层。

1 位于前端的圆形切割头，可以凿穿岩石和泥土。

2 位于切割头后方的控制室，装有激光引导系统和闭路电视，可以引导盾构机朝正确的方向前进开凿。

3 切割头前进时，液压臂会举起衬层块，形成衬层环，可防止隧道倒塌和渗水。

你还想知道

切割头凿下来的碎石和泥土，被快速收集到泥土舱。如果挖到渗水的地层，就必须用泵把泥浆送出隧道。

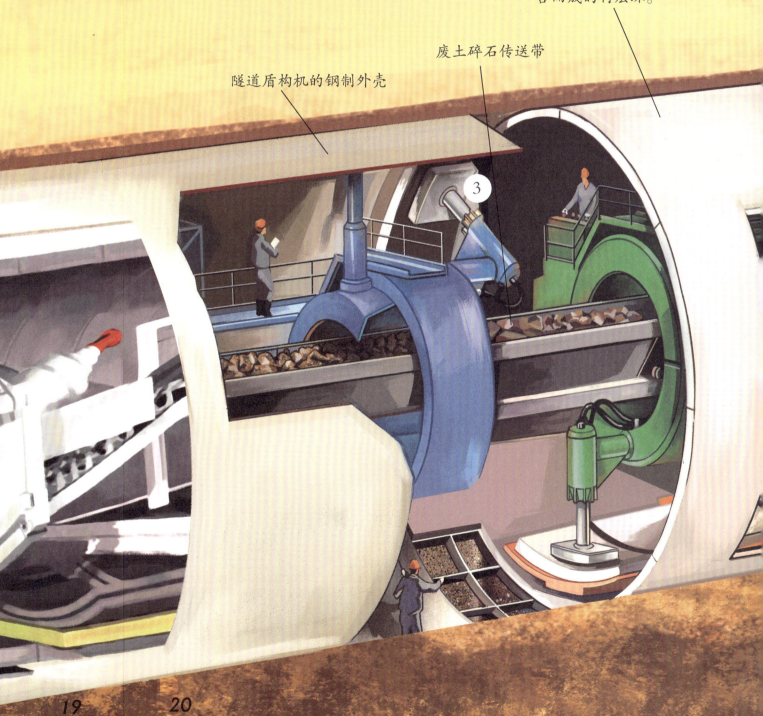

液压臂安置由衬层块组合而成的衬层环。

废土碎石传送带

隧道盾构机的钢制外壳

19   20

波轮式洗衣机

内桶上的小孔使水流动，脏水也通过小孔流出滚筒。

厚重的底座，可以在滚筒转动时保持洗衣机平稳。

洗衣机内有一个水泵，由一根水管连接着洗衣桶的内壁，可以将脏水排出去。

你还想知道

机械式洗衣机是美国人史密斯发明的，它却存在很多问题，既不省力又损伤衣物。1937年，第一台自动滚筒洗衣机正式进入家庭。

真是不可思议

有些洗衣机里有装满了盐水的环，可以使内桶中的水保持平衡。当桶里的衣物偏向一侧时，环圈也能使内桶恢复平衡。

调温的空调

空调是调节室内空气温度、湿度的设备。空调器的制冷系统由蒸发器、压缩机、冷凝器和毛细管四个主要部件组成。制冷剂在这四个部件内周而复始地循环工作，通过蒸发和凝结，达到吸热和散热的目的。

1 蒸发器内的制冷剂吸收室内空气的热量，蒸发成低温蒸汽。

2 压缩机吸入蒸汽并压缩，然后排入冷凝器。

3 制冷剂液体通过毛细管的节流，压力和温度均降低，再进入蒸发器蒸发。

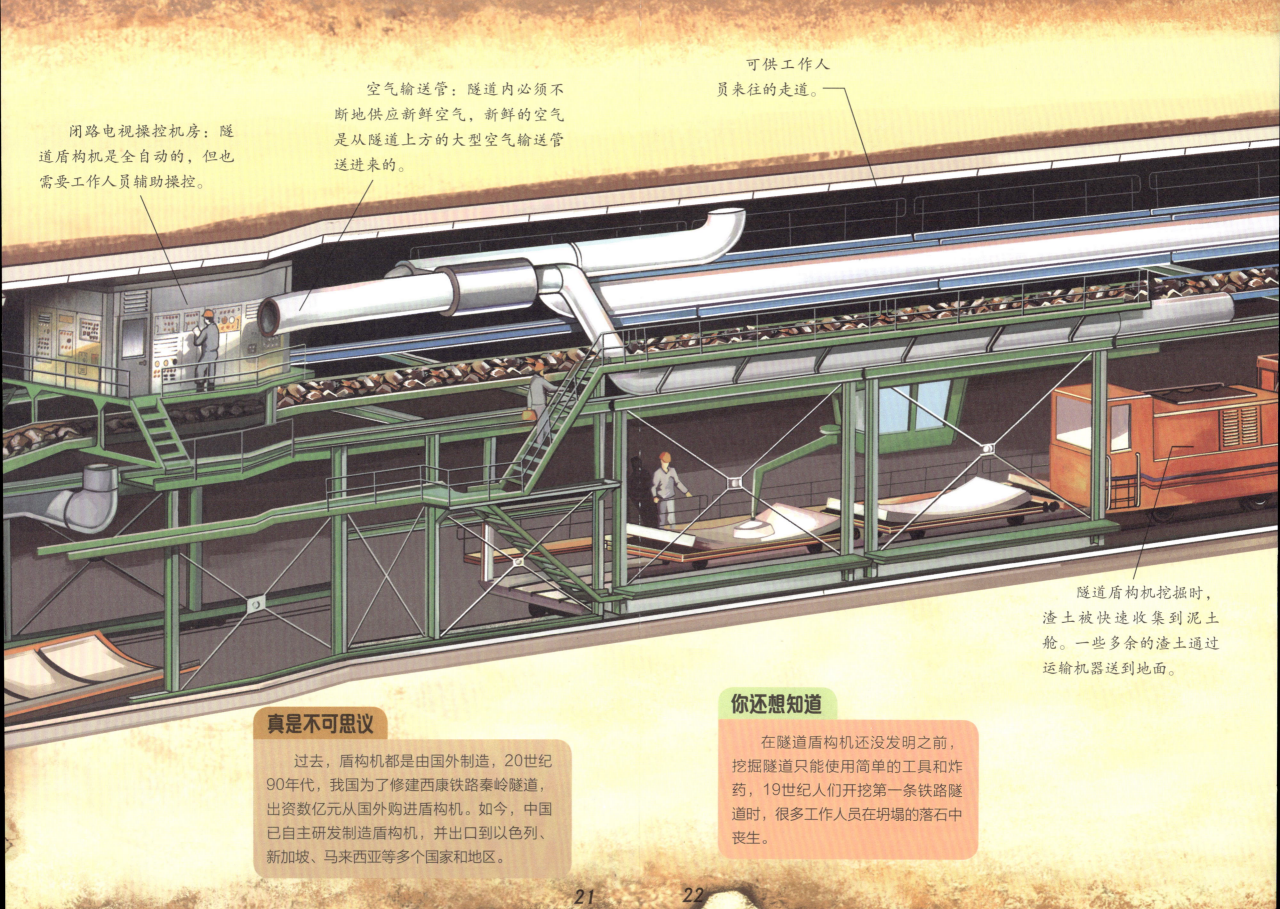

闭路电视操控机房：隧道盾构机是全自动的，但也需要工作人员辅助操控。

空气输送管：隧道内必须不断地供应新鲜空气，新鲜的空气是从隧道上方的大型空气输送管送进来的。

可供工作人员来往的走道。

隧道盾构机挖掘时，渣土被快速收集到泥土舱。一些多余的渣土通过运输机器送到地面。

真是不可思议

过去，盾构机都是由国外制造，20世纪90年代，我国为了修建西康铁路秦岭隧道，出资数亿元从国外购进盾构机。如今，中国已自主研发制造盾构机，并出口到以色列、新加坡、马来西亚等多个国家和地区。

你还想知道

在隧道盾构机还没发明之前，挖掘隧道只能使用简单的工具和炸药，19世纪人们开挖第一条铁路隧道时，很多工作人员在坍塌的落石中丧生。

真是不可思议

很久以前，人们发明了一种古老的空气调节系统，利用装置于屋顶的风杆，让外面的自然风穿过凉水并吹入室内，令室内的人感到凉快。

你还想知道

1902年，英国的卡里尔发明了第一个空调系统，他也被称为"制冷之父"。空调最初是为了调节温度，使印刷厂的纸张不易变形而设计的。

风车是怎么转动的？

风车是一种以风作为能源的动力机械，它曾在许多国家风光一时，那时，风车主要用来碾磨谷物，但如今很少用它来碾磨谷物，而是用风车来发电。

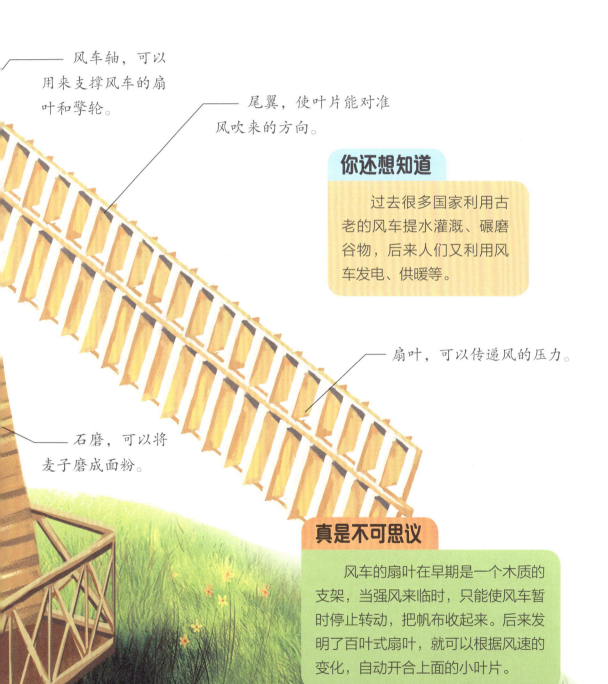

风车轴，可以用来支撑风车的扇叶和擎轮。

尾翼，使叶片能对准风吹来的方向。

扇叶，可以传递风的压力。

石磨，可以将麦子磨成面粉。

你还想知道

过去很多国家利用古老的风车提水灌溉、碾磨谷物，后来人们又利用风车发电、供暖等。

真是不可思议

风车的扇叶在早期是一个木质的支架，当强风来临时，只能使风车暂时停止转动，把帆布收起来。后来发明了百叶式扇叶，就可以根据风速的变化，自动开合上面的小叶片。

水力发电

水力发电是利用水流产生的能量发电，水力发电能减少煤炭等不可再生能源的消耗。水力容易利用，而且产生的能量巨大，世界上许多大型发电厂都使用水力发电。

你还想知道

位于我国湖北省的三峡水电站是世界上规模最大的水电站，也是中国有史以来建设最大型的工程项目。

水库

水坝

水力发电机

水力发电厂

真是不可思议

罗马人很早就知道利用水轮来磨麦子，水轮曾经被用来推动许多不同的机器，例如打铁用的重锤和织布机。

侧向水车有两种，一种是上射式水车，水从车轮上方流下来，依靠水流的力量推动车轮转动。还有一种像此图中的水车一样，是下射式水车，水从车轮下方流过推动桨叶。

发电机直接安装在水轮机上方，每部发电机可以产生上万户家庭所需要的电力。

水流以高速流经水轮叶片后，会从出水口排出去。

推力轴承可以承担来自机组转动的重力和水流向下的压力。

水轮机中的导流片可以用来导引水流冲击水轮叶片。

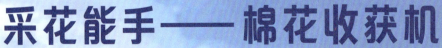

采花能手——棉花收获机

棉花收获机是用来采摘成熟籽棉和棉桃的农业机械，在美国、澳大利亚及以色列等世界主要产棉区有广泛应用，我国新疆棉花产区也有使用。棉花收获机能将棉花从棉桃中分离，比人工脱花效率更高。

你还想知道

在一组由带橡胶凸块的旋转圆盘构成的脱棉装置作用下，籽棉从摘锭上脱下，被风机气流吹送，通过输棉管进入籽棉箱。

1 水平摘锭离开摘棉区后，便进入脱棉区。

2 摘棉装置是安装在竖直摘棉筒上的水平摘锭。摘锭经湿润器湿润后，从栅板的水平栅缝中伸出，依靠湿黏性钩住吐絮棉桃中的纤维，使其缠绕在摘锭上。

3 棉株由扶导器导入立式栅板和压紧板之间的摘棉区。

真是不可思议

通过调节机械的刀片，可将各种棉桃中的籽棉彻底分离出来，分离后的籽棉不会被打散，基本保持原状。

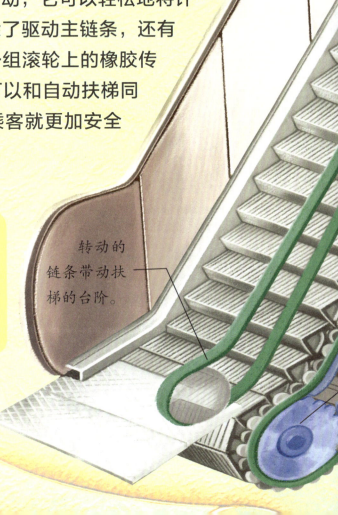

电动扶梯的真面目

自动扶梯里有两对大大的链轮，绕在链轮上面的是长长的一组链条。自动扶梯顶部的电动机驱动链轮、转动链条从而带动一组台阶做循环运动，它可以轻松地将许多人送上、送下。电动机除了驱动主链条，还有移动扶手。扶手是缠绕在一组滚轮上的橡胶传送带，通过精确配置，它可以和自动扶梯同步运行，这样乘坐扶梯的乘客就更加安全平稳了。

真是不可思议

当我们看到一部自动扶梯有20级台阶时，这部扶梯的实际台阶数应该是40级。看不到的20级台阶因为不断的循环运动，被隐藏在扶梯的内部了。

转动的链条带动扶梯的台阶。

自动扶梯的运行全靠电动机来驱动。

顶部的电动机和扶梯两端的连轴链轮驱动着扶梯的扶手平稳运行。

台阶沿着扶梯的轮轨上下不停地运行着。

巨大的链轮带动着扶梯台阶行进。

香港中环到半山的扶梯系统。

你知道吗

世界最长的电动扶梯在哪里？

世界最长的电动扶梯是香港中环到半山的扶梯系统。它由多条室外行人电梯组成，长约800米，垂直高度约135米。

升降电梯

升降电梯以垂直升降的形式运动，是多层建筑载人或载运货物的重要设备。它有一个轿厢和一个对重，通过钢丝绳将它们连接起来。钢丝绳通过驱动装置的曳引常带动，使电梯轿厢和对重在电梯内导轨上做上下运动。

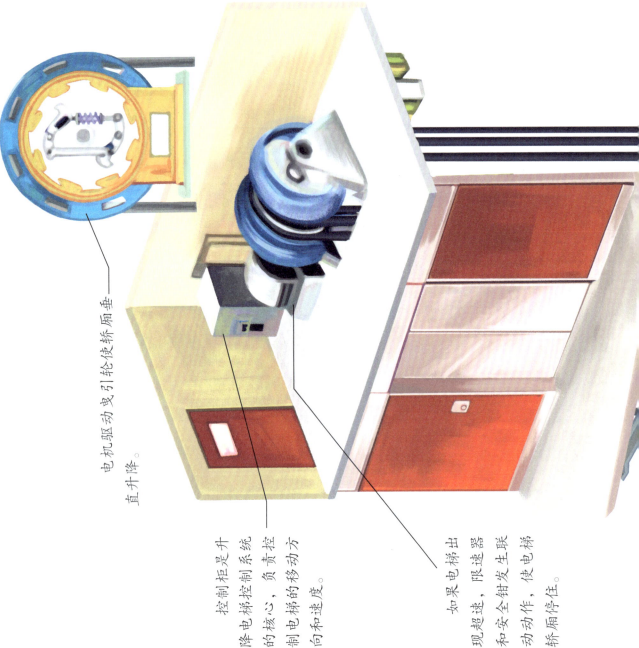

电机驱动曳引轮使轿厢垂直升降。

控制柜是升降电梯控制系统的核心，负责控制电梯的移动方向和速度。

如果电梯出现超速，限速器和安全钳发生联动动作，使电梯轿厢停住。

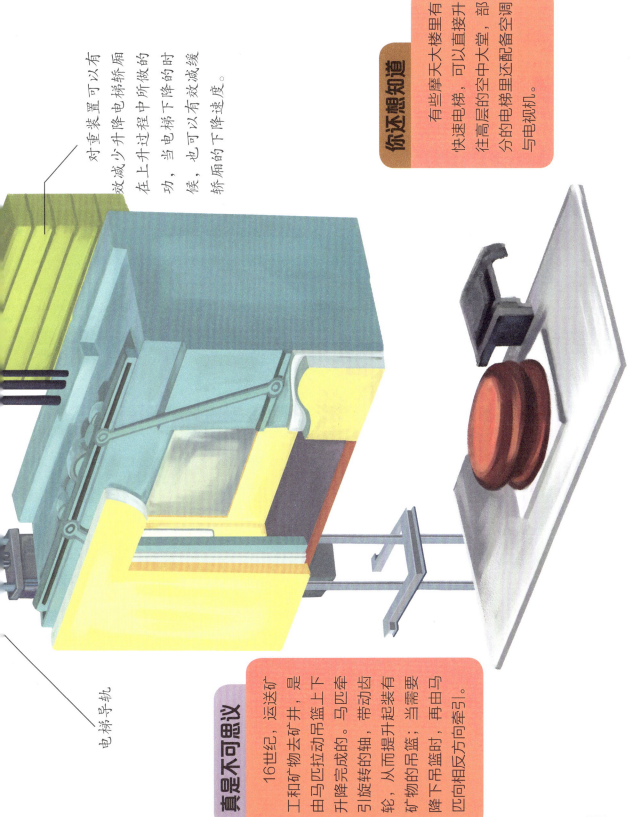

对重装置可以有效减少升降电梯轿厢在上升过程中所做的功，当电梯下降的时候，也可以有效减缓轿厢的下降速度。

电梯导轨

你还想知道

有些摩天大楼里有快速电梯，可以直接升往高层的空中大堂，部分的电梯里还配备空调与电视机。

真是不可思议

16世纪，运送矿工和矿物去矿井，是由马匹拉动吊篮上下升降完成的。马匹牵引旋转的轴，带动齿轮，从而提升起装有矿物的吊篮；当需要降下吊篮时，再由马匹向相反方向牵引。

33

真是不可思议

　　缆车停车时，车站的导轨放松夹钳，缆车便脱离索缆。返回时，缆车再从导轨移到索缆上。

1　张紧装置保证钢索的张力。

2　吊厢通过抱索器挂在钢索上。

3　驱动装置驱动钢索，带动吊厢沿钢索运行。

连接大山的缆车

现代的缆车能够运载人们上下山和横越深谷。缆车由操纵员操作机械夹钳，抓住在空中移动的索缆。停车时，缆车操作员松开夹钳，但索缆不会停下来。

你还想知道

如果山坡缆车系统的索缆被扯断或松弛下来，弹簧加载式楔会自动地从两边把车轨夹住，这样可以避免缆车滑落。

真是不可思议

　　自升式起重机拆卸时，控制员首先将一台小型的挺杆起重机吊上顶层，再用它拆卸上升支架、主柱等。

你知道吗

悬臂为什么是三角形的？

　　如果你细心观察，一定会发现，大型的起重机悬臂都是三角形网状结构，这是因为三角形是一种非常牢固而稳定的形状，它有利于维持悬臂平衡。

自升式起重机

自升式起重机与固定式高塔起重机不同，它的高度能随着建筑物的升高而升高。将上升支架伸展，支架开始一层层地上升，起重机的部件会从地面吊上去，然后利用上升支架引导，将部件滑移到适当的位置。接着，用螺栓将所有的部件装配在像塔一样的主柱顶上，起重机就完成了一次上升。

1 活动的平台连接着主挺杆
2 控制室和旋转台装置在液压升降机的上面。
3 上部上升支架
4 主柱
5 下部上升支架
6 液压汽缸是自升式起重机升力的来源，液压汽缸将控制室和旋转台沿主柱向上推。

港口上的搬运工——港口龙门吊

龙门吊主要用于港口的集装箱搬运，也称"集装箱起重机"。龙门吊是门形框架的金属结构。两条支腿上架有承重的水平桥架，龙门吊可以在地面轨道上运行，是港口搬运的主要设备。

真是不可思议

港口龙门吊的跨度是根据需要跨越的集装箱排数决定的，较大的约60米，起重量可达30吨。

1

你还想知道

除了港口龙门吊，还有一种用于拼装船体的造船龙门起重机。机器有两台起重小车，可以在桥架上翼缘的轨道上运行、翻转和吊装大型的船体。

1 门形框架，承载主梁下安装两条支脚，可以直接在地面的轨道上行走，主梁两端可以具有外伸悬臂梁。

2 货物靠吊钩钩住。工作效率高，起升速度可达到8～10米/分钟。

3 为适应港口码头的运输需要，龙门吊的跨度和门架两侧的高度都较大。

39

平整路面的压路机

压路机的主要作用是修路，公路、铁路、机场跑道、大坝等工程项目都是用压路机来完成填方压实任务的。它可以碾压沙性、半黏性和黏性土壤及沥青混凝土路面层。它分为钢轮式压路机和轮胎式压路机两类。

行驶过程中，前滚轮驱动链使钢滚轮旋转，钢滚轮可以将路面碾压平整。

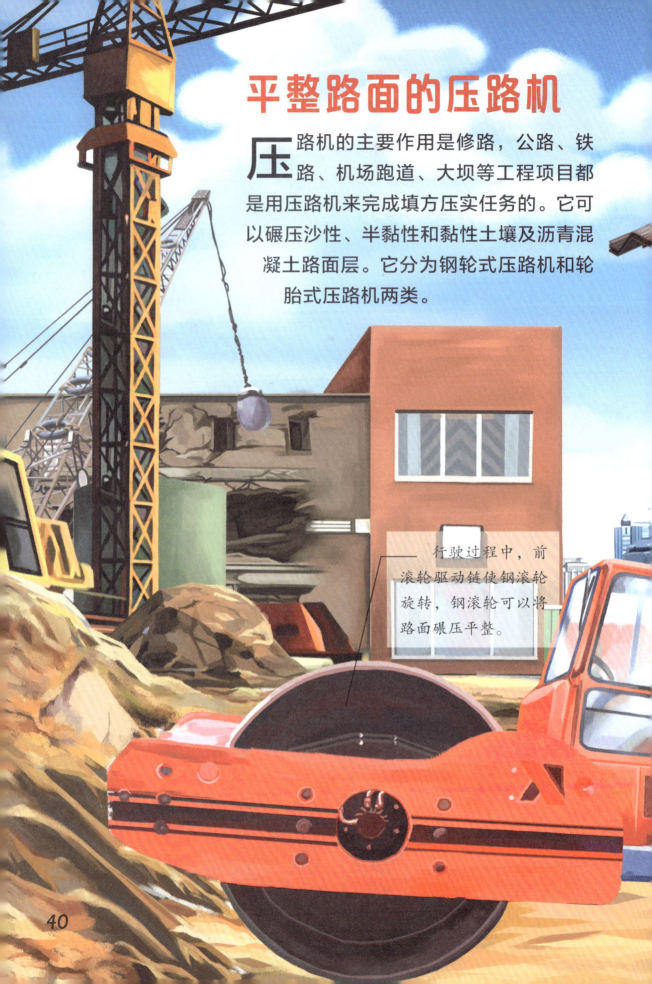

你还想知道

振动式压路机巧妙地利用附在钢滚轮内部轴上的重物，提高效率。滚轮转动时，引擎上的油泵输出加压液压油使轴高速转动，轴本身以每分钟4000转的速度旋转。由于重物的重量会偏于轴的一边，因此重物转动时就使压路机产生振动。

真是不可思议

重物向上转动时，就会减少压向地面的力，而向下转动时则会增加压向地面的力。当压向地面的力迅速转变时，便会产生振动。

工地上的"大力士"——推土机

推土机前方有大型推土刀，可以向前铲削并推送石块、土堆等，其位置可以根据实际需要调整。推土机操作灵活，能完成挖土、运土等工作。

1　传动系统包括液力变矩器、联轴器总成、行星齿轮式动力换挡变速器、中央传动等。

2　履带式推土机附着牵引力大，爬坡能力强，但行驶速度慢。

3　履带板是包括履带总成、台车架和悬挂装置总成在内的行走系统。

你还想知道

履带式推土机是在履带式拖拉机前面安装人力控制提升的推土装置而形成的。之后人们又先后研制成功由天然气动力驱动和汽油机驱动的履带式推土机。

真是不可思议

1949年以后，我国开始生产推土机。较早的推土机是在农用拖拉机上加装推土装置。

43

挖斗液压缸的活塞向内推伸时，挖斗便向外移动；活塞向外缩回时，挖斗则向内移动。

你还想知道

液压挖掘机的履带可以牢牢抓住地面，挖掘机转弯的时候，只有一侧的履带行走，另一侧的履带只作旋转运动。

位于前面的铲刀，用来挖掘沙土、石头等。

挖掘能手——液压挖掘机

挖掘机的手臂长长的，力气很大，能轻松地挖土。挖掘机有时也可以当个大耙子，能耙起很多的沙土和石头。工地上一些粗重的活，只要它在，就能轻易完成，省时又省力。

可伸缩的油缸。

举升液压缸的活塞控制支臂的运动。

操控挖掘机的驾驶室。

挖掘机依靠履带的回旋向前行驶。

大型斗轮式挖掘机

斗轮式挖掘机是个庞然大物，它长长的动臂连接着一个巨大的铁轮，铁轮上安装着带有锋利铲刀的铲斗。轮子转动时，铲斗开始挖泥土，挖起的泥土被倾倒在传送带上，再被倾倒在卡车上运走。

你还想知道

大型斗轮式挖掘机由于体积庞大，人们必须把它拆卸后才能运输，运输到工地之后再进行组装，运送这样一台机器，可能要动用上百辆卡车呢！

巨型斗轮式挖掘机大约有30层楼高，常用于采矿等。

卸料机

自行排土设备

升降机构

你知道吗

　　除了巨大的铁轮、皮带输送机和排土机这三个主要组成部分以外，在排土机和皮带输送机之间还配置有一台能力与整个系统相配套的输送带卸料机，虽然在系统中不很起眼，有时甚至像排土机的一个部分，但如果没有它，整个系统就会瘫痪。

斗轮式挖掘机是一种重型机械，它每天可以挖掘上千吨的土石。

配合默契的水泥搅拌车与水泥泵车

在建造大楼时，需要大量的水泥，水泥由水泥搅拌车运送过来。水泥搅拌车有一个一直都在转动的搅拌筒，它既能把水泥搅拌得很均匀，又能防止水泥硬化。

你还想知道

水泥搅拌车必须与水泥泵车互相协调运作，才能使水泥一直保持流动状态，在几分钟之内从水泥搅拌车的卸下管流到泵车的漏斗，再流进水泥输送管，最后送进工地。

油压管，装有高压液压油。

搅拌筒，可搅拌水泥。

折叠式水泥输送管分为几段。

你知道吗

水泥泵车上的水泥输送管分成好几段，每一段都不是直接连接，而是从固定架上的一侧连到另一侧，这样的设计就使水泥输送管在不使用时可以折叠起来。

不断升降的高塔起重机

高塔起重机能将建筑材料运送到正在施工的高楼上。高塔起重机主要由高塔和悬臂构成，其高度可达上百米。建造摩天大厦经常需要它的帮助。

真是不可思议

在2000多年前的罗马，人们必须依靠奔跑获得让起重机工作的能量。奴隶主驱使奴隶在一个叫作脚踏车的巨大轮子中不断奔跑，从中获得的动能让起重机抬起重物。

悬臂的另一端装有配重，这样才能维持悬臂的平衡状态。

高塔起重机笔直的长长手臂叫作悬臂，可以将施工材料举到指定位置。

你知道吗

19世纪初，工程师伦尼为伦敦船坞建造了第一批蒸汽起重机。之后，英国工程师把蒸汽起重机改为水力起重机。20世纪初，欧洲开始使用塔式起重机。

用混凝土浇筑的基座，可以让塔式起重机牢牢地固定在地面上。基座自身非常重，可达100多吨。

液压破碎机噪音小，施工条件好。液压破碎机也不存在排气孔结冰的问题。在矿藏开采、大型建筑施工等场所，能降低噪音污染。

履带式移动破碎站，由液压站、回转支撑系统、大臂作业系统以及控制系统等组成。

1　圆锥破碎机由电动机带动传动轴和圆锥部，使偏心轴旋转摆动。

2　物料从料口进入破碎腔后，受到偏心轴和轧臼壁的相互冲击挤压、研磨。

3　在机器发生故障时，液压保险系统可使动锥体下退，排出异物，然后使下退锥体自动复位。

破碎机把石块磨成沙

对于大块的石料，人力很难将其破碎，破碎机能毫不费力地将它们磨碎。破碎机的种类很多，有些破碎机甚至能将石块磨成沙子。目前，大多数矿井都采用液压圆锥破碎机和固定式液压破碎机作业。

真是不可思议

圆锥破碎机，广泛应用于金属与非金属矿等行业，能破碎铁矿石、有色金属矿石、花岗岩、鹅卵石等多种石块。

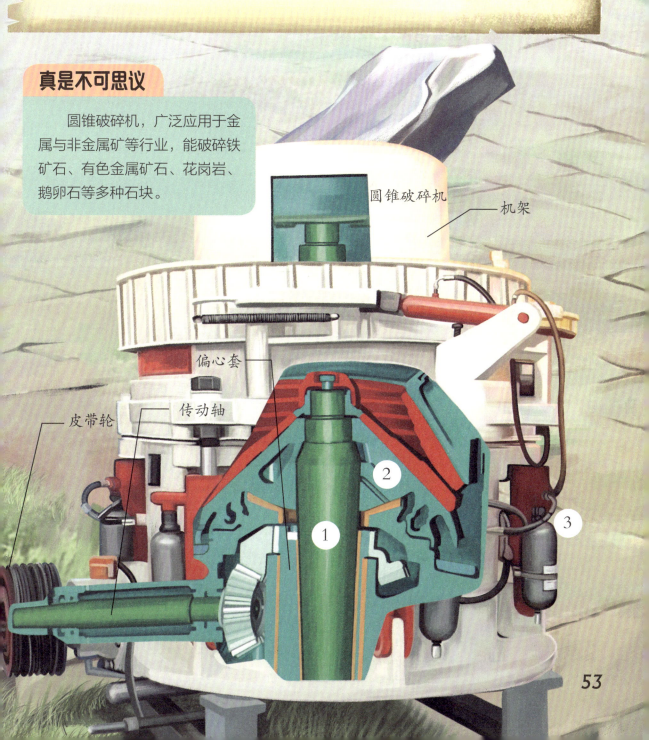

圆锥破碎机 ——— 机架

偏心套

传动轴

皮带轮

① ② ③

用途多多的装载机

装载机是一种可以进行挖掘、铲装、卸载、运送作业的机械。如果更换不同的工作装置，还可以完成推土、起重其他物料的工作，是土石方施工时的重要机械。

真是不可思议

现在装载机的集成机具架可以操作众多不同的机具（铲斗、抓钳等），并且配有整体式快速接头，可在短短的30秒内完成机具的更换。可以进行各种装载作业或物料搬运工作。

装载机的正铲铲斗由高强度的钢板制成，耐用、耐磨而且能承受高温。

装载机的驾驶室

发动机

420D

你还想知道

履带式装载机可以由特殊的运输车运到工地。它们也可以装上轮胎，移动起来灵活方便。

反铲铲斗通过连杆和摇臂与转斗油缸铰接，用以装卸物料。动臂与车架、动臂油缸铰接，用以升降铲斗。铲斗的翻转和动臂的升降采用液压操纵。

反铲铲斗用高强度钢板焊接制成，切削刃采用耐磨的中锰合金钢材料，加强角板都用高强度耐磨钢材料制成。

动臂油缸

连杆

摇臂

动臂

巨大的矿用卡车

矿用卡车是目前地面上行驶的最大的卡车之一，最大载重量为360吨左右。它庞大又坚固，可以应对各种恶劣的天气，无论是雷雨天还是暴风雪天，它都能照常工作。

矿用卡车通常在露天矿山为完成岩石土方剥离与矿石运输任务。

矿用卡车的驾驶室很高，驾驶员要通过梯子才能爬上去。

驾驶员只需要按一下按钮就可以使自卸型车斗抬起或放下。

梯子

大排量发动机高效运转能够提供必要的功率和可靠性，满足最苛刻的作业条件。

矿用卡车的发动机是电控的，能与主要传动系部件整合，使工作更加智能化，提高卡车的总体性能。驾驶室的操作台上所有的控制装置、手柄开关和仪表布置适中，最大限度提高生产率。

你还想知道

矿用卡车的车斗强度高，容量大，且耐用。装上耐磨衬板可在长途运中克服严峻的冲击和磨损，而不削弱负载容量。目前车斗形式有三种：双斜面式、平底板式和采矿专用式。

车轮和轮辋

机械小百科

马达

"马达"为英语motor的音译，即为电动机、发动机。它通过通电线圈在磁场中受力转动带动起动机转子旋转，转子上的小齿轮带动发动机飞轮旋转。该技术产品首次使用是在汽车行业。

齿轮

轮缘上分布着许多齿的机械零件。互相啮合的齿轮可以传递运动和动力。

轴承

轴承是机械设备中一种重要零部件。它的主要功能是支撑机械旋转体，降低其运动过程中的摩擦系数，并保证其回转精度。

螺栓

机械零件，配用螺母的圆柱形带螺纹的紧固件。由头部和螺杆（带有外螺纹的圆柱体）两部分组成的一类紧固件，需与螺母配合，用于紧固连接两个带有通孔的零件。

无人机

无人驾驶飞机简称"无人机"，英文缩写为"UAV"，是利用无线电遥控设备和自备的程序控制装置操纵的不载人飞机，或者由车载计算机完全地或间歇地自主操作。

集装箱

集装箱也称"货柜""货箱"。专供货物运输中长期周转使用的标准装货容器。按统一规格、型号，用金属或玻璃钢制造。

液压

液压可用作动力传动方式，液压传动是以液体作为工作介质，利用液体的压力来传递动力。

压缩机

压缩机是一种将低压气体提升为高压气体的从动的流体机械，是制冷系统的心脏。